小山的中国地理探险日志

蔡峰——编绘

栗河冰——主审

江河湖泊

上卷

电子工业出版社

Publishing House of Electronics Industry

北京·BEIJING

图书在版编目（CIP）数据

小山的中国地理探险日志.江河湖泊.上卷 / 蔡峰编绘. —— 北京：电子工业出版社，2021.8
ISBN 978-7-121-41503-6

Ⅰ.①小… Ⅱ.①蔡… Ⅲ.①自然地理 – 中国 – 青少年读物 Ⅳ.①P942-49

中国版本图书馆CIP数据核字（2021）第128692号

责任编辑：季　萌
印　　刷：天津市银博印刷集团有限公司
装　　订：天津市银博印刷集团有限公司
出版发行：电子工业出版社
　　　　　北京市海淀区万寿路173信箱　邮编：100036
开　　本：889×1194　1/16　印张：36.25　字数：371.7千字
版　　次：2021年8月第1版
印　　次：2024年11月第8次印刷
定　　价：260.00元（全12册）

凡所购买电子工业出版社图书有缺损问题，请向购买书店调换。若书店售缺，请与本社发行部联系，联系及邮购电话：（010）88254888，88258888。

质量投诉请发邮件至zlts@phei.com.cn，盗版侵权举报请发邮件至dbqq@phei.com.cn。

本书咨询联系方式：（010）88254161转1860，jimeng@phei.com.cn。

江河湖泊

中国幅员辽阔，有许多源远流长的江河和烟波浩淼的湖泊：大小河流总长度约 42 万千米，流域面积超过 1000 平方千米的河流有 1500 多条；湖泊面积在 1 平方千米以上的有 2800 余个，其中面积在 1000 平方千米以上的有 11 个。这些河流、湖泊不仅是中国地理环境的重要组成部分，而且还蕴藏着丰富的自然资源。

在这本书中，小山先生要去探访祖国的江河湖泊。好啦，小山先生的江河湖泊之旅要出发啦！

目 录

中国四大河流——长江、黄河、珠江、黑龙江，想了解更多知识请点击屏幕上的相关……

《辽史》中第一次用"**黑龙江**"来称呼这条河流，因为江水色黑，蜿蜒如游龙。黑龙江流域在金朝被纳入领土范围内，成为金国内河。元明时称其为混同江。

黑龙江，在汉魏晋时被称为弱水。南北朝时，黑龙江上游称完水，松花江及两江汇流后被称为难水。隋唐时始称黑龙江下游为黑水，完水改作望建水，难水改作那河。

黑龙江。

直到清初，"黑龙江"一名才正式成为官方名称，为当时的犯人流放之地。

黑龙江沿岸最早的居民是古亚细亚人，后受通古斯人压力，只分布于黑龙江下游，代表性民族是尼夫赫人，他们发展出发达的定居捕鱼与海兽文化。

黑龙江

黑龙江是亚洲东北部的一条河流，发源于蒙古国肯特山东麓，流经中国黑龙江省北界与俄罗斯远东联邦管区南界，之后以东北向穿越哈巴罗夫斯克边疆区，最终流入鄂霍次克海。其主流若以海拉尔河为源头计算，总长度约4444千米，若以克鲁伦河为源头计算，则总长度5498千米。

中国领土的北端

黑龙江不仅与珠江、长江、黄河合称为中国的四大河流，也是世界十大河流之一。黑龙江流域历史上曾经有诸多北亚民族生存活动，如东胡、鲜卑、女真等。至近代，清朝前期曾经因黑龙江流域领土纠纷，同沙皇俄国军队发生军事冲突，最终与沙俄签订《尼布楚条约》（1689年），条约明确规定，自黑龙江上游支流格尔必齐河以下、支流额尔古纳河以南的黑龙江流域领土，皆为中国所有。

黑龙江的得名

"黑龙江"之名来源于其满语名字"萨哈连乌拉"。其中"萨哈连"意为"黑","乌拉"意为"水"。

中国北方的界河

黑龙江是中国北方边界的界河，中国边界的最北端位于黑龙江主航道的中心线上。黑龙江拥有丰富的水资源，大小支流950余条（包括时令河），其中最长的支流是约1927千米的松花江。松花江流域面积约为54.5万平方千米，其主要支流有嫩江、呼兰河、牡丹江等。佳木斯以下，为广阔的三江平原，沿岸是一片土地肥沃的草原，多沼泽湿地，为我国著名的"北大荒"。松花江虽然是黑龙江的支流，在经济意义上却超过黑龙江。

中国面积最大的原始森林

大兴安岭位于内蒙古自治区东北部、黑龙江省西北部，是黑龙江与嫩江的分水岭，森林覆盖率达74.1%。大兴安岭森林以兴安落叶松为主，它是环北极针叶林的组成部分，落叶松、白桦、山杨等是这里的主要树种。大兴安岭盛产蓝莓，是中国主要野生蓝莓产区。大兴安岭是中国高纬度地区不可多得的野生动植物乐园，这里生活着驯鹿、驼鹿、梅花鹿、棕熊、紫貂、榛鸡、天鹅、獐、麋鹿、乌鸡、狍子等400余种珍禽异兽。

黑龙江的水为什么是黑色的?

黑龙江两岸的土壤多为具有大量腐殖质的黑土，流经黑龙江的水流冲刷岸边的土壤，使黑土沉入江中，沉积在江底。所以，在水体清澈的地方看黑龙江水往往是黑色的。

极度濒危的大型猫科动物

黑龙江畔最有名的生物是住在河谷的黑龙江豹，它的动作迅捷如箭，跳跃弹力佳，爬树更是灵巧。黑龙江豹栖息在以岩石地带或崖地为中心的山岳地带，活动范围广及森林地带到深山之中。由于食物的减少及被视为害兽遭捕杀，最近其数量正急剧锐减，是全球极度濒危的大型猫科动物。

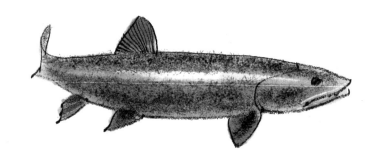

世界名贵鱼类

黑龙江也以盛产大马哈鱼而闻名。大马哈鱼，又称日本鲑鱼、狗鲑、秋鲑，是一种凶猛的肉食性鱼类，幼鱼时吃底栖生物和水生昆虫，在海洋中主要以玉筋鱼和鲱等小型鱼类为食。

大兴安岭林海雪原

其支流主要有西拉木伦河、教来河、老哈河等，老哈河为辽河正源。

西辽河，是**辽河**最大的支流，位于辽宁省北部和内蒙古自治区东南部。

西辽河向东北流经赤峰、通辽等城市和科尔沁沙地后，在蒙、吉、辽三省区交界处附近与东辽河汇合后称辽河。西辽河干流长度449千米，流域面积13.6万平方千米。

辽河

辽河，旧称巨流河，西汉以前称为句骊河。辽河是中国东北地区南部的大河，流经河北、内蒙古、吉林、辽宁等省区。干流长1390千米，流域面积21.9万平方千米。

辽河的两源

辽河有东西两源。正源为西辽河南源的老哈河，发源于河北省平泉县的光头山；西辽河北源西拉木伦河出自内蒙古自治区克什克腾旗西南的白岔山。东辽河源出吉林省东辽县萨哈岭。东、西辽河在辽宁省昌图县古榆树附近汇合后称辽河。

辽河的分流

辽河自北向南纵贯辽宁省中部，纳入了多条支流，入海前分流形成三角洲：左岸分流名为外辽河，接纳最大的支流浑河和太子河后，称为大辽河，于营口市入辽东湾；右岸分流名为双台子河，于盘山县附近入辽东湾。1958年，外辽河在六间房水文站附近被堵截后，浑河、太子河成为独立的大辽河水系，双台子河成为辽河下游主体。

具有特色的树枝状水系

辽河属树枝状水系，东西宽、南北窄，流域内山地占 48.2%，丘陵占 21.5%，平原占 24.3%，沙丘占 6%。西部为大兴安岭、七老图山和努鲁儿虎山，高程 500～1500 米。东部为吉林哈达岭、龙岗山和千山，高程 500～2000 米。流域地势大体是自北向南、自东西两侧向中间倾斜，中下游形成辽河平原，高程 200 米以下。

辽河流域的气候

辽河流域大部分地区属温带半湿润半干旱的季风气候。年降水量约为 350～1000 毫米，年径流量为 89 亿立方米，山地多于平原，从东南向西北递减。辽河流域夏季多暴雨，强度大、频率高、集流快，常使水位陡涨猛落，造成下游地区洪涝。此外，辽河的含沙量较高，仅次于黄河、海河，为中国第三位，年输沙量达 2098 万吨。

资源丰富的辽河流域

辽河上游沙地草原以牧为主。辽河下游平原是中国开发较早的地区，盛产大豆、小麦、高粱、玉米、水稻等，沿海有苇塘。总面积达 1.172 万平方千米的辽河三角洲是国家重点农业开发区。矿产有铁、石油、煤和有色金属等，是中国主要工业分布区之一。辽河流域交通发达，有赤峰、通辽和盘锦等工矿城市。

全国最大的湿地自然保护区

辽河从辽宁省盘锦市境内入海。辽河、大凌河、小凌河等诸多河流在此处冲积，形成大范围湿地——辽河三角洲国家级自然保护区。这里有绵延数百平方千米、面积居世界第一的芦苇荡，有一望无际的天下奇观红海滩，有被誉为"湿地之神"的珍稀鸟类丹顶鹤、濒危物种黑嘴鸥等 200 余种候鸟。

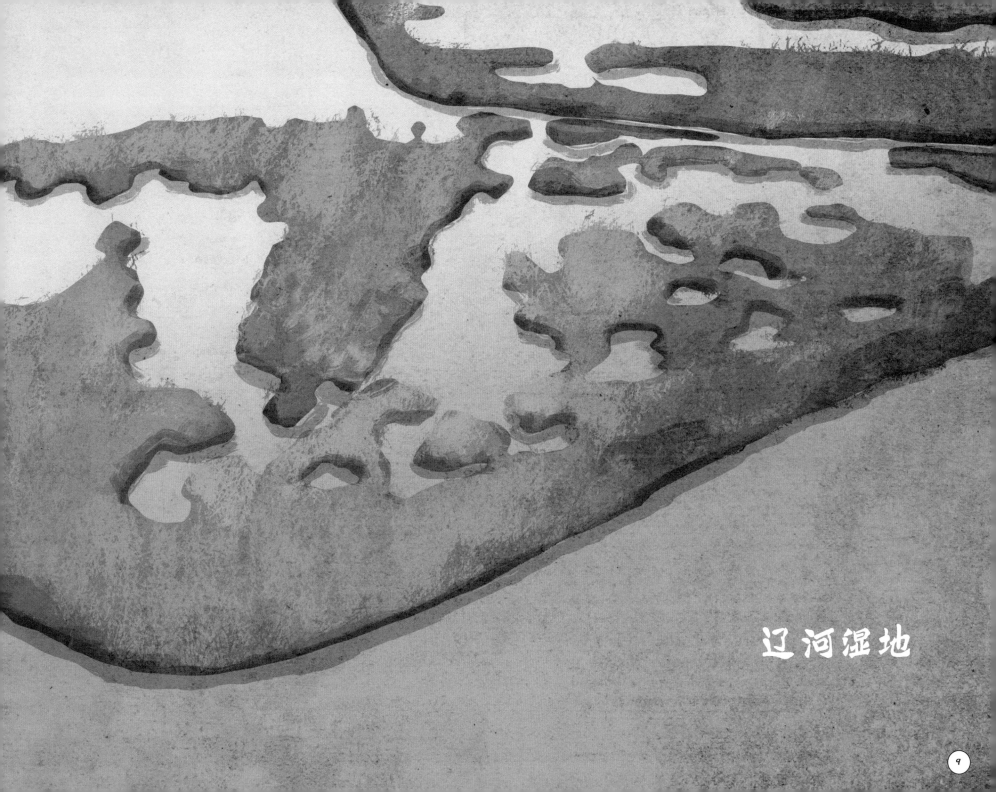

辽河湿地

海河，是华北地区最大的水系，横穿天津，被誉为天津的"母亲河"。

历史上，海河引领着天津的发展，天津的历史使命随海河与生俱来。

金、元时期，海河被称为直沽河、大沽河，在三岔口附近的河岸边，建起了军事重镇"直沽寨"，后改名"海津镇"。因相依的这条河流，天津又有"津沽""沽上"的别名。

明朝永乐年间，这里被赐名"天津"，开始设卫筑城，被皇帝看作水路便利、护卫京畿（jī）的重镇。明末，"海河"之名才正式形成。天津成为繁华的都市，与其"地当九河要津，路通七省舟车"的地理位置是密不可分的。漕运的兴盛，让天津成为广连南北，辐射东西，也是离京城最近的水路交通枢纽。

海河

海河又称沽河，是中国华北地区最大的河流，流域面积达 31.8 万平方千米，涵盖了天津、北京全部，河北绝大部分，以及河南、山东、山西、内蒙古等省区。

名字的由来

据说海河是因其地势不高，每当涨潮时河水倒流，落潮时河水顺流，和海水的潮汐相同而得名的。海河支流之一的永定河原名"无定河"，因为其河道经常改变，皇帝祈愿它不再泛滥，故改名为永定河。

重要风景名胜

海河如同一条玉带贯穿天津市区，自三岔河口（或金钢桥）至大沽口入海处，约为 73 千米。海河不仅与天津的工农业生产、水上交通运输和人民生活都有着密切关系，还是当地重要的风景名胜。

海河流域的河流

海河流域的河流大致分为两种类型：一种发源于太行山与燕山的背风坡，这种河流源远流长，山区汇水面积大，水流集中，泥沙含量较多；另一种发源于太行山与燕山的迎风坡，这种河流支流分散，源短流急，泥沙含量较低。这两种类型的河流在华北地区呈相间分布，清浊分明。

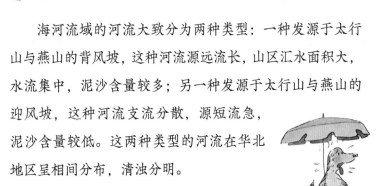

支流众多的水系

海河水系支流众多，其中有北运河、南运河、大清河、子牙河和永定河五大支流，它们在天津附近汇合，然后经海河干流入海，形成典型的扇状水系。另外还有许多小支流：潮白河、洋河、桑干河、拒马河、府河、唐河、滏阳河、卫河、清漳河、浊漳河等。

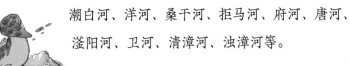

五大支流

北运河是京杭大运河的北段，汉称沽水，辽称白河，金称潞水，清雍正四年始有"北运河"之称，沿用至今。史书一般称漕河、运粮河。北运河发源于北京境内的燕山南麓，通州北关闸以上为温榆河，温榆河主要支流有南沙河、北沙河、东沙河和小中河。北关闸以下称北运河，出北京通州区后流经河北省香河县、天津市武清区，在天津市大红桥汇入海河。北运河全长142.7千米，流域面积6166平方千米。北运河是北京城区的主要排水河道。

南运河，是京杭大运河从天津至山东临清的一段，全长524千米，利用原有的卫河加以疏通而成。水流自南而北，至天津汇入海河，流进渤海。

大清河，为海河西支，源出太行山东麓，南北拒马河合流后称大清河，在天津市静海县与子牙河汇合，流入海河。

子牙河，又名盐河，主要河道有滹沱河、滏阳河、子牙新河。在流经河北省河间、大城等县，至天津静海与大清河汇合后称西河。

永定河，流经内蒙古自治区，山西、河北两省，北京、天津两市。永定河上游流经黄土高原，河水含沙量大，因此有"小黄河""浑河"之称。

夕阳下的海河

13

面对伟大的母亲河，心情总会变得无比激动，内心深处涌出的感动如同这**黄河**水般滔滔不绝……

黄河被称为中华文明的母亲河。公元前 2000 多年的夏朝，汉族的前身华夏族在黄河流域的中原地区（今山西、河南、山东三省）形成并繁衍。

黄河

黄河，是中国的第二长河，与长江并称为中华文明的两条母亲河。黄河发源于中国青海省巴颜喀拉山脉，流经 9 个省区，最后于山东省注入渤海，干流全长 5464 千米，内流区面积 4.2 万平方千米，流域总面积 79.5 万平方千米。

黄河水为什么如此浑浊？

"河"字在秦汉以前基本上是黄河的专称，最早见于东汉。黄河中游河段流经黄土高原，支流带入大量泥沙，使黄河成为世界上含沙量最高的河流。

中华民族的母亲河

黄河中下游流域为中华民族最主要的发源地，是中国历史上的经济与文化重心之一，所以黄河对中国的历史和文化具有非常重要的意义。

黄河水系的演变

地质史演变考证，黄河属于较年轻的河流。约在距今115万年前的早更新世，黄河流域还只有一些互不连通的内陆水系。此后，随着西部高原的抬升、河流侵蚀和夺袭，经历105万年的中更新世后，各湖盆间逐渐连通，形成黄河水系的雏形。距今约10万至1万年间，黄河才逐步演变为从河源到入海口上下贯通的大河。

举世闻名的"悬河"

黄河泥沙量大，每年大约有4亿吨泥沙淤积在黄河下游河道内，河床逐年升高，由此形成举世闻名的"地上河"，也称为"悬河"。全长5464千米的黄河大部分河段里，河床都高于流域内的城市、农田，全靠大堤约束，成为海河流域与淮河流域的分水岭。历史上，黄河下游河段决口泛滥频繁，给中华民族带来了沉重的灾难。

黄河流域的三级阶梯

黄河流域北抵阴山，南至秦岭，东注渤海，流域内地势西高东低，高差悬殊，形成自西而东、由高及低三级阶梯。最高一级阶梯是黄河河源区所在的青海高原；第二级阶梯地势较平缓，黄土高原构成其主体；第三级阶梯地势低平，绝大部分为海拔低于100米的华北大平原。

"地上河"示意图

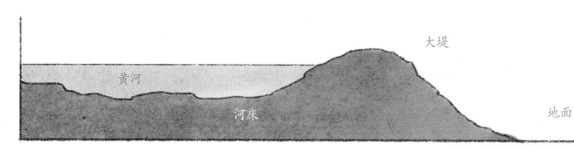

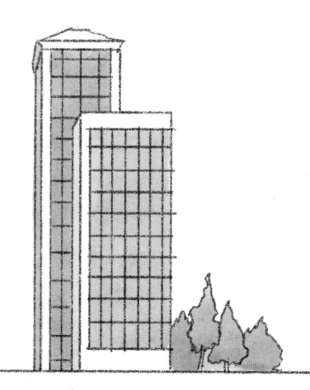

君不见，黄河之水天上来，奔流到海不复回。

——李白《将进酒》

中国千百年来洪灾频发，商朝多次迁都，多为水患所致……

其中黄河水灾为烈，江淮水灾次之。黄河是世界上含沙量最大的河流，每年从黄土高原带走16亿吨黄沙。因此黄河有"三年两决口，百年一改道"之说。

1194年，黄河改道南决，从此长期夺淮入海，大量泥沙淤积使**淮河**入海出路受阻，史称"黄河夺淮"。1855年，黄河再次北迁，改道由山东大清河入渤海，但淮河入海的故道已淤成一条高出地面的废黄河，这条地上河将淮河流域分为淮河水系和沂沭泗河水系。

黄河夺淮以前，淮河干流的河槽比现在宽深，下游直接入海。沿河并无堤坝，虽然有时洪水会漫出河槽，但灾情不如黄河夺淮后严重。黄河夺淮后，淮河失去了入海口，造成入江不顺畅。外加气候条件，流域内洪涝旱灾频发，甚至一年之内会出现旱涝交替或南涝北旱的现象，下游地区还极易遭遇江淮并涨、淮沂并发、洪水与风暴潮并袭的局面。

淮河

淮河，古称淮水，地处中国东部，介于长江和黄河两流域之间，流域面积27万平方千米，与长江、黄河和济水并称"四渎"，现为中国七大江河之一。

流经五省的大河

淮河发源自河南省南部桐柏山主峰，干流流经河南、湖北、安徽、江苏，于江苏省扬州市入长江，全长约1000千米。淮河流域地跨河南、湖北、安徽、江苏和山东五省，以淮安古清口以东古淮河河道为界，分成淮河和沂沭泗河两大水系。

南北分界线

现代地理学家把秦岭、淮河看作中国东部地区的南北分界线。除此之外，淮河还是亚热带与暖温带的分界线、湿润区与半湿润区的分界线、亚热带常绿阔叶林和温带落叶阔叶林的分界线、农作物一年两熟和两年三熟分界线、水稻与小麦种植分界线等。

淮河流域的地貌

　　淮河流域西起桐柏山、伏牛山，东临黄海，流域西部、西南部及东北部为山区、丘陵区，其余为广阔的平原。山丘区面积约占总面积的三分之一，平原面积约占总面积的三分之二。淮河—古淮河以北为华北平原（黄淮平原），以南为长江中下游平原（江淮平原）。

没有入海口的淮河

淮河流域上游长 360 千米，地面落差约 178 米；中游长 490 千米，地面落差约 16 米；下游长入江水道长 150 千米，地面落差约 6 米。

中国的上古故事里有"大禹治水"的典故，其实，大禹治水是在疏通。正因为黄河抢道造成大量的泥沙淤积，堵塞了淮河的入海口，淮河只有借长江的水道流入大海，因此经常会遇到淮河涨水，洪泽湖和高邮湖沿岸遭殃的情况，这就是因为淮河没有入海口，就只有倒灌家门了。

淮河流域的气候

淮河流域地处中国南北气候过渡带，淮河以北属暖温带半湿润区，淮河以南属北亚热带湿润区。气温由南向北、由沿海向内陆递增。流域属于大陆性季风气候，大气系统复杂多变，降雨分布不均，容易产生水旱灾害。淮河流域内有 3 个降水量高值区：伏牛山区、大别山区、下游近海区，多年平均降水量约为 920 毫米。

支流众多的淮河

淮河支流众多，流域面积大于 1 万平方千米的一级支流有 4 条，大于 2000 平方千米的一级支流有 16 条，大于 1000 平方千米的一级支流有 21 条。

淮河水位示意图

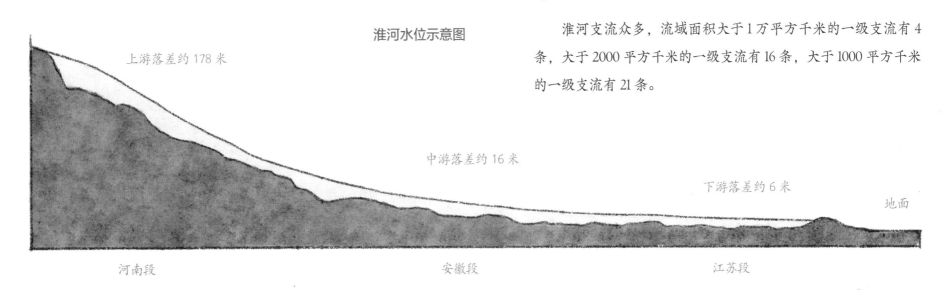

上游落差约 178 米

中游落差约 16 米

下游落差约 6 米

地面

河南段　　　　　　　　安徽段　　　　　　　　江苏段

北岸主要支流：

洪河、颍河、西淝河、涡河、新汴河、奎濉河。

南岸主要支流：

游河、浉河、竹竿河、寨河、潢河、白露河、史灌河、淠河、东淝河、池河。

是**长江**地理沙盘！

咦，这是什么？

长江

长江流域位于中国中部，横贯东西，地跨中国地貌的三大阶梯，面积180万余平方千米，高度从江源的海拔5400米处降至吴淞口海平面。流域面积广大，地貌类型复杂，地面高差悬殊，包括极高山、高山、中山、低山、高原、丘陵、盆地与平原等各种形态。

在中国古代，专称长江为"江"；自汉代起，始称长江为"大江"；六朝时出现了"长江"的名称。长江自江源至宜宾各段，均有独立的名称。

比如江源至当曲河口称沱沱河，来源于蒙古语，意为"缓慢的红江"，藏语称"红河"。以下至玉树巴塘河口为通天河，藏语意为"母牦牛河"。玉树至宜宾称金沙江。宜宾以下是狭义的"长江"，干流江段各有别称。其中宜宾至宜昌又称川江，枝江至城陵矶又称荆江，安徽省内江段又称皖江，南京以下至长江口的江段又称扬子江。

长江

长江是亚洲第一长河和世界第三长河，也是世界上完全在一国境内的最长河流。长江全长约6300千米，干流发源于青藏高原东部的唐古拉山脉，穿越中国西南（青海、西藏、云南、四川、重庆）、中部（湖北、湖南、江西）、东部（安徽、江苏），在上海市汇入东海。长江流域覆盖中国大陆五分之一的陆地面积，养育了中国大陆三分之一的人口。

华夏文明的摇篮

长江文明与黄河文明常被并列为中华文明、经济的两大源泉。繁荣的长江三角洲是中国第一大经济区。长江流域生态类型多样，水生生物资源丰富，是多种濒危动物，如扬子鳄和达氏鲟的栖息地。几千年来，人们利用长江取水、灌溉、排污、运输、发展工业等。

长江的三级阶梯

长江流域呈东西长、南北短的形状，流域地势西高东低，并呈三大阶梯状：一级阶梯包括青海南部高原、川西高原和横断山脉，一般海拔3500～5000米；二级阶梯为秦巴山地、四川盆地、云贵高原和鄂黔山地，一般海拔500～2000米；三级阶梯由淮阳山地、江南丘陵和长江中下游平原组成，一般海拔在500米以下。

从远古走来

远古时期，西藏、青海部分地区、云南西部和中部、贵州西部都是茫茫大海。1.4亿年前，燕山运动使长江上游形成唐古拉山脉，青藏高原缓缓抬高，长江中下游的大别山等山脉隆起，四川盆地凹陷，古地中海进一步向西部退缩。新生代始新世时，发生强烈的喜马拉雅运动，青藏高原隆起，古地中海消失，长江流域普遍间歇上升。300万年前，喜马拉雅山脉强烈隆起，长江流域西部进一步抬高，从湖北伸向四川盆地的古长江溯源浸蚀作用加快，切穿巫山，使东西古长江贯通。江水浩浩荡荡地注入东海，形成今日的长江。

诗词中的长江

长江流域沿途山川雄伟，风光秀丽，历代文人吟咏不尽。江上轻舟渡客，有唐代李白的"两岸猿声啼不住，轻舟已过万重山"。两岸草木摇落，有杜甫的"无边落木萧萧下，不尽长江滚滚来"。临江抚今追昔，有杜牧的"折戟沉沙铁未销，自将磨洗认前朝"。巨浪荡涤尘埃，有明代杨慎的"滚滚长江东逝水，浪花淘尽英雄"。

长江三峡

长江三峡，自西向东依次为瞿塘峡、巫峡、西陵峡，全长193千米，瞿塘峡以雄伟峻拔著称，巫峡以幽深秀丽驰名，西陵峡以滩险水急逞胜。在三大峡谷之间，处处风光旖旎，两岸青山，数叶扁舟，一山一水，一景一物，无不似诗如画。

褒斜道，是古时人们穿越秦岭的山间大道。褒斜道南起褒谷口，北至斜谷口，沿渭水支流的"斜水"及汉江支流"褒水"，贯穿二谷，也称斜谷路，为古代巴蜀通往陕南、四川的主干道路，全程长 249 千米。

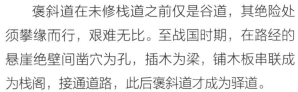

褒斜道在未修栈道之前仅是谷道，其绝险处须攀缘而行，艰难无比。至战国时期，在路经的悬崖绝壁间凿穴为孔，插木为梁，铺木板串联成为栈阁，接通道路，此后褒斜道才成为驿道。

汉江

汉江，也称汉水，古称沔（miǎn）水，位处长江中游左岸，是长江最长的支流。汉江发源于陕西省秦岭南麓的沮水，干流自西向东流经陕西、湖北两省，在武汉市汉口龙王庙汇入长江。干流长 1577 千米，流域面积 15.9 万平方千米。

汉族族称的来历

汉族的族称，追根溯源即来自汉水。秦惠文王置汉中郡，名字取自汉水。后刘邦受项羽封于巴、蜀、汉中，都城位于汉中郡南郑，因称汉王，统一天下后亦以"汉"为国号。汉朝统治中国 400 余年，经济、文化和疆域都有重大发展，原称华夏的中原居民称为汉人，汉人从此成为中国主体民族的通称。

汉江

汉江干流全长1577千米，总落差1964米。汉江流域之北为黄河流域，以秦岭、外方山、伏牛山为分水岭；东北为淮河流域，以伏牛山、桐柏山为分水岭；西南隔大巴山、荆山与嘉陵江、沮漳河为邻；东南为江汉平原，与长江无明显的天然分水岭。

有关洪水的记载

汉江流域早在公元前就有关于洪水的记载，平均约100年就可能发生一次特大洪水。汉江下游年平均降水量超过1100毫米，全年中7月雨量最多，并经常发生大面积暴雨，雨量强度大，地区集中，是造成中下游地区洪水灾害的主要原因。1981年8月，汉江、嘉陵江流域普降大雨，山洪暴发，发生了历史上罕见的特大洪水，造成了人畜伤亡，房屋倒塌，河堤、农田被毁等严重损失，是近年来最大的一次洪灾。

江汉的水利设施

历史上，汉江流域（特别是汉中）曾是重要的军事重镇，这种重要的军事地理位置促进了汉江流域农业生产和水利事业的发展，其中重要的水利工程有山河堰、高堰、杨镇堰、五门堰等。1958年，汉江流域最大的水电站——丹江口水利枢纽工程建成，蓄水形成丹江口水库，水库最大库容290.5亿立方米，为南水北调中线工程的调水源头。

交通网的骨干

汉江干支流的航线很长，分布于陕西、河南、湖北三省的70多个县市。2000多年前，汉江已是湖北、湖南和四川、陕南向中原运输贡赋的要道。在陇海铁路通车宝鸡以前，陕南和部分陇南的货物都要顺汉江运到汉口，在历史上汉江干支流可以说是该流域交通网的骨干之一。

都江堰，是中国古代建设并使用至今的大型水利工程，位于四川省都江堰市城西，**岷江**上游 340 千米处。据史料记载，都江堰是由战国时期秦国蜀郡太守李冰及其子于约公元前 256 年主持始建的。2000 多年来，经过历代整修，都江堰依然发挥着巨大的效用。都江堰以其为"当今世界年代久远、唯一留存、以无坝引水为特征的宏大水利工程"，与青城山共同作为一项世界文化遗产被列入《世界遗产名录》。

岷江

岷江，是长江上游左岸一级支流，中国水利开发最早的河流之一，也是长江上游重要的水量补给来源，主要流经四川盆地西部，沿途汇入黑水河、杂谷脑河、大渡河、马边河等支流，经过松潘、茂县、汶川、灌县、成都、双流、彭山、眉山、青神、乐山、犍为等市镇，在宜宾汇入长江。其主要通航河道有乐山至宜宾段和成都至乐山段，分别长162 千米和 186 千米。

李冰治水，功在千秋

公元前 256 年，秦国蜀郡太守李冰及其子率领当地居民在岷江上修筑了著名的都江堰水利工程。其主体工程将岷江水分成两条，其中一条引入成都平原，既起到分洪减灾的作用，又有引水灌田的作用，让成都平原从此成为丰饶的"天府之国"。

水能资源丰富的上游

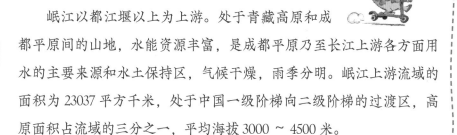

岷江以都江堰以上为上游。处于青藏高原和成都平原间的山地，水能资源丰富，是成都平原乃至长江上游各方面用水的主要来源和水土保持区，气候干燥，雨季分明。岷江上游流域的面积为 23037 平方千米，处于中国一级阶梯向二级阶梯的过渡区，高原面积占流域的三分之一，平均海拔 3000 ～ 4500 米。

被誉为"黄金水道"的中游

从都江堰到乐山为岷江的中游，长约 216 千米，自古被称为四川的"黄金水道"，主要流经成都平原和海拔 800 米以内的丘陵，属于亚热带气候区。在这里，岷江被都江堰水利工程一分为二。岷江中游流域是中国西部地质、地貌、气候的陡变带，古镇密布，文化底蕴丰厚。

水运交通发达的下游

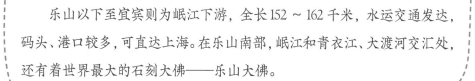

乐山以下至宜宾则为岷江下游，全长 152 ～ 162 千米，水运交通发达，码头、港口较多，可直达上海。在乐山南部，岷江和青衣江、大渡河交汇处，还有着世界最大的石刻大佛——乐山大佛。

岷江流域的自然资源

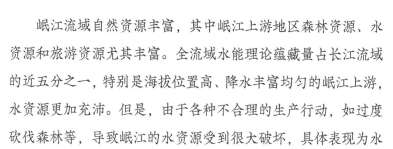

岷江流域自然资源丰富，其中岷江上游地区森林资源、水资源和旅游资源尤其丰富。全流域水能理论蕴藏量占长江流域的近五分之一，特别是海拔位置高、降水丰富均匀的岷江上游，水资源更加充沛。但是，由于各种不合理的生产行动，如过度砍伐森林等，导致岷江的水资源受到很大破坏，具体表现为水量减少、水质污染、水土流失、生态环境恶化等。

肥沃的土地和丰富的矿藏

岷江上游流域土壤类型众多，但耕地不多。岷江中下游平原地区的土地则更为肥沃，水田占耕地的 90% 以上。岷江流域已探明的主要矿藏有稀有金属锂、铍、钽、铌矿，有色金属及贵重金属铂、镍、铜和金矿，非金属矿白云母、石棉、石膏、碳、水晶、蛇纹岩等。

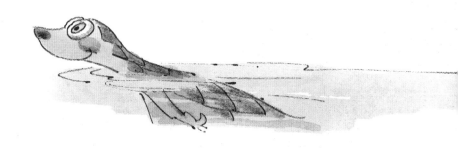

乐山大佛

全名嘉州凌云寺大弥勒石像，开凿于唐代，位于岷江、青衣江、大渡河三江交汇之处，是世界上最高的石佛像。

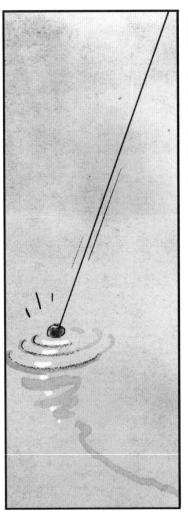

资江

资江又称资水，中国湖南省中部河流，湖南四水（湘江、资江、沅江、澧水）之一，长江的主要支流。

资江的两源

资江分南源与西源，主源为南源，即夫夷水，源于广西壮族自治区资源县，流经资源、湖南新宁、邵阳等县市。西源为赧水，源于城步苗族自治县青界山黄马界，流经武冈市、隆回县等县市。两水在邵阳县双江口汇合后称"资江"。资江流经邵阳县、冷水江市、新化县、桃江县等县市，至益阳市甘溪港注入洞庭湖。干流长度653千米，流域面积28142平方千米。

陡险的"山河"

资江干流西侧山脉迫近，流域成狭带状。上、中游河道弯曲多险滩，穿越雪峰山一段陡险异常，有"滩河""山河"之称。

资江的南源

　　夫夷水，亦称"罗江""夫彝水"，发源于广西资源县猫儿山东北侧，向东北流至资源县梅溪乡随滩村附近，然后进入湖南省新宁县，于湖南省邵阳县双江口与赧水汇合。在广西境内河长83千米，流域面积1404平方千米。广西境内的夫夷水两侧支流众多，呈平行羽状分布，流程短，落差大，流域面积小，其中较大的支流有梅溪河和瓜里河。

众多的支流

　　资江有河长5千米以上的支流820条，其中湖南境内770条，广西境内50条。按流域面积划分，100平方千米以上的一级支流39条，其中大于500平方千米的支流包括蓼水、平溪、辰水、夫夷水、邵水、石马江、大洋江、油溪、渠江、沪水、沂溪、志溪河等。

资江的西源

　　赧水，资江水系西源，河长188千米，流域面积约6890平方千米。源出城步苗族自治县青界山主峰黄马界西麓，由西南向东北流经武冈、洞口、隆回县境，至邵阳县双江口，与夫夷水汇合。赧水支流包括槎江、西洋江、麓檀江、平溪江等。

资江的治理

　　资江流域南部多中低山，东部为丘陵，中部丘岗起伏，东北部为平原。西南高，东北低。山地占55%，丘陵占35%，平原占10%。流域自然灾害发生频繁，山丘地区易发生干旱。治理方面，开发有车田江水库、蓼水灌区、筱溪水电站、浪石滩水电站、柘溪水电站等。

雪峰山，狭义指雪峰山脉，古称梅山。主体位于湖南中部和西部，是湖南境内重要的山脉，主峰苏宝顶海拔1934米。雪峰山脉是资江与沅江的分水岭。

山水秀丽，崖石奇绝，妙哉妙哉！

这座被古人称为"朝阳旭日"的朝阳岩，就位于永州市芝山区潇水西岸。

潇水，旧名"营水"，属零陵境内内河，是**湘江**上游的一级大支流。

它发源于湖南省蓝山县，沿途流经蓝山、江华、江永、道县、双牌等地，于永州市零陵区萍岛汇入湘江，全长354千米，流域面积12099平方千米。

潇水因其中、上游两岸树木葱绿，水流清澈幽深而名。《水经注·湘水》记载："潇者，水清深也。"西汉时又称"大深水"。

湘江

湘江又称湘水，为长江的主要支流之一，是湖南省境内最大的河流，流域面积9.46万平方千米，全长948千米。

湘江的源头

湘江之源，旧时有两种说法。一说湘江发源于广西壮族自治区灵川县的海洋山（古称阳海山，宋朝讹称海阳山）。《水经注疏》记载："湘水出零陵始安县阳海山。"清钱邦芑的《湘水考》记载："湘水，源出广西桂林府兴安县海阳山。"二说湘江发源于唐公背岭等处的大山。2011年，经过技术人员的调查和计算，国务院水利普查办和水利部认定，湖南省蓝山县至苹岛河段（即潇水）为湘江干流，湘江源头在蓝山县；广西兴安县至苹岛河段为湘江支流。

水运要道

湘江自古为中原进入岭南的水运要道。公元前214年，秦始皇派史禄在今兴安开凿灵渠，将30%的湘水引入漓江，沟通长江水系与珠江水系，自此该江成为中原与岭南经济、军事、文化交流的主要航道。1928年桂黄公路通车，1940年湘桂铁路通车后，湘江航运日趋衰落。

水库开闸泄洪

　　双牌水库，位于中国湖南省永州市双牌县，为湘江支流潇水上一座大型水库，始建于1958年。水库具有发电、灌溉、航运和防洪等功用。

湘江水系

湘江水系地处长江之南、南岭以北，东以罗霄山脉与赣江水系分界，西隔衡山山脉与资水毗邻。湘江流域大都为起伏不平的丘陵与河谷平原和盆地，下游地区长沙以下的冲积平原范围较大，与资江、沅江、澧水的河口平原连成一片，成为全省最大的滨湖平原。

奔流不息的湘江

湘江在永州以上为上游，水流湍急，河水有时穿切岩层而过，形成峡谷。流域内石灰岩分布很广，岩洞较多，地下水对河水的补给量较大。湘江在永州至衡阳之间为中游，沿岸丘陵起伏，盆地错落其间，亦有峡谷。湘江在衡山以下为下游，地势平坦，河水平稳，沿河沙洲断续可见。湘江河口散布着大小不等的湖泊，大都是昔日洞庭湖的遗迹。

湘江流域的气候

湘江流域属太平洋季风湿润气候，光、热、水资源丰富，冬季湿润寒冷，夏季潮湿酷热，春夏多雨，秋冬干旱。在全球气候变暖的大背景下，湘江流域的气候也随之发生变化：冬、春、秋三季气温明显升高；降水强度和密度增加；日照、风速明显减小。这些变化对湘江流域的水文条件产生了明显影响。

湘江流域的社会变迁

湘江流域是湖南省人口最稠密、城市化水平最高、经济社会文化最发达的区域。历朝政府在湖南的行政建制，以湘江为脉络，自下游而上游，由干流及支流，在全省铺开。经过长期的历史演变，湘江流域既聚集形成了岳阳、长沙、湘潭、衡阳、永州等大型城市，也有散布于整个流域的众多中小市镇，它们共同演绎并见证了湘江流域社会结构的深刻变迁。